Abdelhafid Mimouni

A bioinorgânica descodifica o estado vascular

Abdelhafid Mimouni

A bioinorgânica descodifica o estado vascular

ScienciaScripts

Cover image: www.ingimage.com

This book is a translation from the original published under ISBN 978-620-6-72608-1.

Publisher:
Sciencia Scripts
is a trademark of
Dodo Books Indian Ocean Ltd. and OmniScriptum S.R.L publishing group

120 High Road, East Finchley, London, N2 9ED, United Kingdom
Str. Armeneasca 28/1, office 1, Chisinau MD-2012, Republic of Moldova, Europe
Printed at: see last page
ISBN: 978-620-8-23045-6

A bioinorgânica decifra o estado vascular

Autor : Dr. Abdelhafid Mimouni

Investigador independente em química bioinorgânica, o Dr. Mimouni é especialista em síntese e caraterização macromolecular. Obteve o seu doutoramento em Química na Universidade de Paris XII em 1997, depois de ter obtido um Diplôme d'Études Approfondies en Systèmes Bioinorganiques na Universidade de Paris XI em 1993. Obteve também a licenciatura e o mestrado em Química na mesma universidade.

Resumo: Este livro examina o papel fundamental da bioinorgânica nos sistemas vivos, centrando-se em fenómenos como o acidente vascular cerebral e a formação de coágulos sanguíneos. Destaca a importância de metais como o zinco, o ferro e o cobre, e a sua interação com várias biomoléculas, influenciando processos essenciais. Ao explorar o impacto destes elementos nos agentes terapêuticos, o livro destaca as consequências de um desequilíbrio dos metais na saúde. Salienta também a necessidade de uma abordagem interdisciplinar entre a bioinorgânica, a química e a biologia para enfrentar os desafios da doença vascular. A investigação futura, utilizando técnicas avançadas como a espetroscopia, promete lançar mais luz sobre estas interações complexas e abrir caminho a novas estratégias de tratamento. Em suma, este livro oferece uma perspetiva enriquecedora sobre a importância dos elementos inorgânicos na manutenção da saúde.

Esboço do livro :

Introdução

A bioinorgânica é uma disciplina essencial que examina o papel dos elementos inorgânicos, em particular dos metais, nos sistemas biológicos. Estes elementos desempenham um papel crucial na regulação dos processos fisiológicos, actuando frequentemente como cofactores em reacções enzimáticas e influenciando assim uma multiplicidade de funções celulares. Entre os metais mais notáveis contam-se o zinco, o cobre e o ferro, que estão envolvidos em mecanismos tão variados como a respiração celular, a sinalização intracelular e a resposta imunitária.

No âmbito dos processos hematológicos, a coagulação e a fibrinólise destacam-se como mecanismos biológicos cruciais. A coagulação é o processo pelo qual o sangue forma coágulos para evitar a hemorragia, enquanto a fibrinólise é responsável pela dissolução desses coágulos após o início da cicatrização. Estes dois processos devem ser regulados com precisão para manter o equilíbrio entre a hemostase e a reparação dos tecidos. Os metais e as metaloenzimas desempenham aqui um papel decisivo. Por exemplo, o cálcio é essencial para a ativação de vários factores de coagulação, enquanto o zinco e o cobre estão envolvidos na atividade de várias enzimas necessárias para a degradação do coágulo.

O objetivo deste livro é explorar em profundidade os mecanismos bioinorgânicos associados à coagulação e à fibrinólise, com particular ênfase no papel dos metais e das metaloenzimas nestes processos. Analisaremos também a utilização de técnicas avançadas, como a XAS (espetroscopia de absorção de raios X), para identificar e caraterizar estas interações nos sistemas biológicos. Ao fazê-lo, esperamos não só enriquecer a nossa compreensão da dinâmica complexa envolvida, mas também abrir caminho a novas abordagens terapêuticas para o tratamento de doenças vasculares, incluindo o AVC.

Capítulo 1: Conceitos fundamentais da bioinorgânica

1.1. Definição de bioinorgânicos

A bioinorgânica é uma disciplina científica que explora o papel dos elementos inorgânicos nos sistemas biológicos. Em particular, examina a forma como os metais, enquanto co-factores essenciais, participam em vários processos biológicos. Esta disciplina integra conceitos de química inorgânica em contextos biológicos, estudando as interações entre metais e biomoléculas e o seu impacto na estrutura e função dos sistemas biológicos (Bertini et al., 2001). Permite-nos também compreender de que forma estes elementos inorgânicos influenciam a saúde e as patologias humanas.

1.2 Papel dos metais e iões nos processos biológicos

Metais como o zinco (Zn), o ferro (Fe), o cobre (Cu), o manganês (Mn), o vanádio (V) e o cobalto (Co) desempenham papéis cruciais em muitos processos biológicos.

Zinco (Zn): Um elemento-chave para a saúde

O zinco é um oligoelemento essencial que desempenha um papel crucial em muitos processos biológicos. Está envolvido na estrutura e função de mais de 300 enzimas, o que faz dele um ator central em vários mecanismos biológicos.

1. Papel na catálise enzimática

O zinco é um cofator de muitas enzimas, em particular das que estão envolvidas na :

- **Reacções enzimáticas**: O zinco ajuda a estabilizar as estruturas das enzimas, facilitando as reacções bioquímicas essenciais. Por exemplo, está presente em enzimas como a carboxipeptidase, que está envolvida na digestão das proteínas.
- **Síntese de ADN e ARN**: O zinco é crucial para enzimas como a ADN polimerase, que desempenha um papel fundamental na replicação e reparação do ADN.

2. Regulação da expressão génica

O zinco está envolvido na regulação da expressão genética através de :

- **Interações com factores de transcrição**: O zinco contribui para a estrutura dos dedos de zinco, motivos de ligação ao ADN presentes em muitos factores de transcrição. Estas proteínas regulam a expressão genética ligando-se a sequências específicas de ADN.
- **Resposta ao stress celular**: Em caso de stress oxidativo, o zinco desempenha um papel protetor, estabilizando as membranas celulares e ajudando a regular a expressão dos genes envolvidos nas respostas de defesa.

3. Impacto no sistema imunitário

O zinco é fundamental para o bom funcionamento do sistema imunitário:

- **Função das células imunitárias**: O zinco é essencial para a maturação e a função dos linfócitos T e dos macrófagos, dois tipos de células fundamentais na resposta imunitária. A deficiência de zinco pode levar a uma redução da resposta imunitária, aumentando a suscetibilidade à infeção.
- **Produção de citocinas**: O zinco influencia a produção de citocinas, que são proteínas essenciais para a comunicação entre as células do sistema imunitário.

4. Cicatrização de feridas

O zinco também desempenha um papel crucial no processo de cicatrização:

- **Síntese do colagénio**: O zinco participa na síntese do colagénio, uma proteína fundamental para a estrutura dos tecidos. É, por isso, um elemento-chave na reparação dos tecidos danificados.
- **Regulação da inflamação**: O zinco ajuda a modular a resposta inflamatória, promovendo uma cicatrização eficaz e reduzindo o risco de infecções nas feridas.

5. Fontes alimentares de zinco

O zinco está presente numa variedade de alimentos, incluindo :

- **Fontes animais**: A carne vermelha, o marisco (especialmente as ostras) e os produtos lácteos são fontes ricas de zinco, com elevada biodisponibilidade.
- **Fontes vegetais**: As leguminosas, os frutos secos e os cereais integrais também contêm zinco, mas a sua biodisponibilidade pode ser reduzida devido à presença de fitatos, que inibem a absorção do zinco.

6. Deficiências e consequências

A carência de zinco pode ter efeitos graves para a saúde:

- **Anomalias imunitárias**: Uma deficiência pode levar a uma imunodeficiência, tornando o indivíduo mais vulnerável a infecções.
- **Atraso no crescimento**: Nas crianças, a falta de zinco pode inibir o crescimento e o desenvolvimento.
- **Problemas de cicatrização de feridas**: A deficiência de zinco pode atrasar a cicatrização de feridas, aumentando o risco de infeção.

7. Sobredosagem e toxicidade

Embora o zinco seja essencial, uma quantidade excessiva pode ser tóxica:

- **Toxicidade**: O consumo excessivo de zinco pode causar náuseas, vómitos e problemas gastrointestinais. A longo prazo, o consumo excessivo pode levar a uma deficiência de cobre, uma vez que o zinco interfere com a sua absorção.

Conclusão

O zinco é um oligoelemento essencial para a catálise enzimática, a regulação da expressão genética, o bom funcionamento do sistema imunitário e a cicatrização de feridas. O seu equilíbrio na dieta é essencial para manter a saúde e prevenir várias doenças. A compreensão do papel do zinco nos processos biológicos sublinha a sua importância vital na nutrição e na medicina.

Ferro (Fe) : Um elemento essencial para a vida

O ferro é um oligoelemento fundamental que desempenha um papel crucial em muitos processos biológicos. A sua principal função está ligada ao transporte de oxigénio, mas também está envolvido noutras funções vitais.

1. Transporte de oxigénio

O ferro é um componente essencial da hemoglobina e da mioglobina, duas proteínas essenciais:

- **Hemoglobina**: Encontrada nos glóbulos vermelhos, a hemoglobina liga-se ao oxigénio nos pulmões e transporta-o para os tecidos do corpo. Cada molécula de hemoglobina pode transportar até quatro moléculas de oxigénio, o que torna o ferro essencial para manter uma oxigenação adequada das células.
- **Mioglobina**: Esta proteína, que se encontra nos músculos, armazena oxigénio e liberta-o quando os músculos precisam dele, especialmente

durante o esforço físico. A mioglobina é particularmente importante para os músculos esqueléticos e cardíacos.

2. Papel no Metabolismo Energético

O ferro é também crucial para o metabolismo energético. É um componente essencial dos citocromos, que são enzimas envolvidas na cadeia de transporte de electrões:

- **Citocromos**: Estas enzimas desempenham um papel vital na respiração celular, transferindo electrões no interior das mitocôndrias, o que leva à produção de ATP, a principal fonte de energia das células. O ferro permite que os citocromos catalisem as reacções necessárias para converter a energia química em energia utilizável.

3. Co-fator de outras enzimas

Para além do seu papel na hemoglobina e nos citocromos, o ferro é também um cofator de muitas outras enzimas:

- **Enzimas envolvidas na síntese de ADN**: O ferro é necessário para enzimas como as ribonucleótidos redutases, que são essenciais para a síntese de ADN.
- **Antioxidantes**: Certas enzimas, como a catalase, que decompõe o peróxido de hidrogénio, contêm ferro. Isto ajuda a proteger as células contra o stress oxidativo.

4. Fontes alimentares de ferro

O ferro está disponível em muitos alimentos, mas apresenta-se sob duas formas principais:

- **Ferro hémico**: Encontrado em fontes animais (como carne vermelha, peixe e aves), é melhor absorvido pelo organismo.
- **Ferro não-heme**: Encontrado em alimentos à base de plantas (como vegetais de folha verde, legumes e cereais), é menos bem absorvido, mas a sua biodisponibilidade pode ser aumentada pelo consumo de vitamina C.

5. Deficiências e consequências

Uma carência de ferro pode ter consequências graves para a saúde:

- **Anemia por deficiência de ferro**: É uma das formas mais comuns de anemia, caracterizada por uma redução da hemoglobina no sangue, que provoca fadiga, fraqueza e diminuição da concentração.
- **Problemas de desenvolvimento**: Nas crianças, a deficiência de ferro pode afetar o desenvolvimento cognitivo e físico.

6. Sobredosagem e toxicidade

Embora o ferro seja essencial, uma quantidade excessiva pode ser tóxica:

- **Acumulador de ferro**: Os indivíduos com doenças como a hemocromatose têm uma absorção excessiva de ferro, que pode danificar órgãos como o fígado, o coração e o pâncreas.
- **Equilíbrio necessário**: A gestão da ingestão de ferro é, por conseguinte, crucial, uma vez que uma quantidade demasiado pequena ou demasiado grande pode ter efeitos nocivos.

Conclusão

O ferro é essencial para o transporte de oxigénio, o metabolismo energético e várias funções enzimáticas. A sua presença no organismo é essencial para a manutenção da saúde, sendo necessário um aporte alimentar equilibrado para evitar tanto as carências como os excessos. Compreender o papel do ferro nos sistemas biológicos é essencial para resolver os problemas de saúde ligados ao seu metabolismo.

Cobre (Cu): Um metal essencial para a catálise enzimática e a saúde

O cobre é um oligoelemento vital que desempenha um papel multifuncional em vários processos biológicos. Como cofator de várias enzimas, é essencial para a catálise enzimática e a regulação de numerosos mecanismos fisiológicos.

1. Cofator enzimático

O cobre é um cofator essencial para várias enzimas cruciais para o metabolismo celular. Estas incluem :

- **Citocromo c oxidase**: Esta enzima, que desempenha um papel fundamental na cadeia de transporte de electrões, é essencial para a produção de ATP nas mitocôndrias. O cobre está envolvido na transferência de electrões dentro desta enzima, facilitando o processo respiratório celular.
- **Outras enzimas**: O cobre é também necessário para a atividade de outras enzimas, como a lisil oxidase, que está envolvida na formação de colagénio e elastina, contribuindo assim para a saúde do tecido conjuntivo.

2. Papel na cadeia de transporte de electrões

O cobre é um elemento-chave da cadeia de transporte de electrões, um processo fundamental para a respiração celular. Nesta função, ajuda a :

- **Transferência de electrões** : O cobre facilita a transferência de electrões entre diferentes complexos enzimáticos, o que é essencial para a produção de energia.
- **Regulação da produção de ATP**: Através do seu papel na transferência de electrões, o cobre contribui para a produção de ATP, a principal fonte de energia das células.

3. Desintoxicação dos radicais livres

O cobre desempenha também um papel crucial na desintoxicação dos radicais livres, moléculas instáveis que podem danificar as células. Está envolvido em :

- **Anti-oxidação**: Como cofator de enzimas como a superóxido dismutase (SOD), o cobre ajuda a neutralizar os radicais livres, protegendo as células dos danos oxidativos.
- **Proteção celular**: Ao regular os níveis de radicais livres, o cobre ajuda a preservar a integridade celular e a prevenir várias doenças ligadas ao stress oxidativo.

4. Papel no metabolismo do ferro

O cobre é também importante para o metabolismo do ferro. Ajuda a :

- **Facilitar a absorção de ferro**: O cobre é necessário para converter o ferro ferroso (Fe^{2+}) em ferro férrico (Fe^{3+}), que é essencial para o seu transporte no sangue pela transferrina.
- **Prevenir a anemia**: Uma deficiência de cobre pode interferir com a absorção de ferro, conduzindo a problemas como a anemia.

5. Implicações para a saúde

Níveis adequados de cobre são essenciais para manter uma boa saúde. A deficiência de cobre pode levar a efeitos deletérios, tais como :

- **Anomalias neurológicas**: As deficiências de cobre podem estar associadas a perturbações neurológicas e problemas de desenvolvimento.
- **Redução da imunidade**: O cobre está envolvido no bom funcionamento do sistema imunitário e uma deficiência pode enfraquecer as defesas do organismo.

6. Fontes alimentares

O cobre encontra-se numa variedade de alimentos, incluindo :

- **Marisco**: As ostras e outros mariscos são particularmente ricos em cobre.
- **Frutos secos e sementes**: Os frutos secos, especialmente a castanha de caju e as sementes de girassol, são boas fontes deste metal.
- **Cereais integrais**: Os cereais integrais também contêm níveis significativos de cobre.

7. Cuidado com os excessos

Embora o cobre seja essencial, uma quantidade excessiva pode ser tóxica, causando perturbações gastrointestinais e lesões hepáticas. Este facto sublinha a importância de um equilíbrio adequado na ingestão alimentar.

Conclusão

O cobre é um oligoelemento essencial que desempenha uma série de papéis na catálise enzimática, na cadeia de transporte de electrões e na desintoxicação dos radicais livres. A sua presença é crucial para a manutenção da saúde geral, devendo ser prestada especial atenção ao seu consumo para evitar carências e excessos, garantindo assim o funcionamento ótimo dos processos biológicos.

Manganês (Mn): Um metal essencial para muitos processos biológicos

O manganês é um oligoelemento essencial que desempenha um papel crucial em vários processos biológicos, nomeadamente como cofator de várias enzimas. As suas funções variadas tornam-no essencial para o bom funcionamento do organismo.

1. Cofator enzimático

O manganês é um cofator chave para várias enzimas essenciais ao metabolismo. Participa em reacções bioquímicas envolvidas em :

- **Metabolismo dos aminoácidos**: O manganês está envolvido nas reacções de transaminação e desaminação, que são cruciais para a síntese e degradação dos aminoácidos.
- **Síntese de hidratos de carbono**: desempenha um papel na gluconeogénese, o processo pelo qual a glicose é sintetizada a partir de precursores não hidratos de carbono, essencial para manter níveis adequados de glicose no sangue.
- **Desintoxicação**: O manganês está envolvido no metabolismo de toxinas e medicamentos, ajudando a purificar o corpo.

2. Proteção contra o stress oxidativo

Uma das funções mais importantes do manganês é a sua capacidade de proteger as células contra o stress oxidativo. É um componente-chave da superóxido dismutase (SOD), uma enzima antioxidante que catalisa a conversão do superóxido em peróxido de hidrogénio, reduzindo assim os danos oxidativos nas células. Esta função é particularmente importante nos tecidos sensíveis aos danos, como os do cérebro e do fígado.

3. Papel no metabolismo mineral

O manganésio está também envolvido no metabolismo de outros minerais essenciais, nomeadamente o cálcio, o fósforo e o magnésio. Desempenha um papel na mineralização óssea, contribuindo para a saúde dos ossos e das articulações. A deficiência de manganês pode afetar a densidade óssea e aumentar o risco de fracturas.

4. Implicações para a saúde

Estudos demonstraram que níveis adequados de manganésio estão associados a uma melhor saúde metabólica. As deficiências de manganês podem levar a distúrbios como :

- **Dificuldades de crescimento**: Especialmente nas crianças, uma deficiência pode afetar o desenvolvimento normal.
- **Problemas neurológicos**: Níveis baixos de manganês têm sido associados a perturbações neurológicas, incluindo deficiências cognitivas.
- **Disfunção imunitária**: Dado o seu papel no metabolismo e na proteção celular, uma deficiência pode enfraquecer o sistema imunitário.

5. Fontes alimentares

O manganês está presente numa variedade de alimentos, incluindo :

- **Cereais integrais** : Ricos em manganésio, são uma excelente fonte para manter níveis adequados.
- **Frutos secos e sementes**: Estes alimentos também fornecem uma quantidade significativa de manganésio.
- **Vegetais de folha verde**: Vegetais como os espinafres e a couve são boas fontes deste metal.

6. Cuidado com os excessos

Embora o manganês seja essencial, uma quantidade excessiva pode ser tóxica, provocando efeitos neurológicos, como perturbações motoras semelhantes às observadas na doença de Parkinson. Este facto sublinha a importância de um equilíbrio adequado na ingestão alimentar.

Conclusão

O manganês é um oligoelemento vital envolvido em muitos processos biológicos, nomeadamente como cofator enzimático, na proteção contra o stress oxidativo e no metabolismo mineral. A sua presença é crucial para a manutenção da saúde geral e deve ser prestada especial atenção à sua ingestão suficiente e ao seu equilíbrio para evitar possíveis efeitos adversos.

- **Vanádio (V): Papel biológico e aplicações potenciais**
- Embora menos conhecido do que outros metais essenciais, o vanádio desempenha um papel cada vez mais reconhecido numa série de processos biológicos, incluindo a regulação dos níveis de açúcar no sangue e a influência no metabolismo lipídico. Investigações recentes destacaram as suas propriedades potencialmente benéficas, nomeadamente no tratamento da diabetes.

1. Regulação dos níveis de açúcar no sangue

O vanádio tem sido estudado pelo seu efeito hipoglicemiante, ou seja, pela sua capacidade de baixar os níveis de glicose no sangue. Estudos in vitro e in vivo mostraram que o vanádio pode imitar a insulina, facilitando a entrada de glicose nas células, o que é crucial para as pessoas com diabetes de tipo 2. De facto, alguns estudos observaram que o vanádio pode ativar vias de sinalização intracelular semelhantes às da insulina, estimulando a captação de glicose pelo músculo e pelo tecido adiposo (Soni et al., 2012).

2. Influência no metabolismo lipídico

Para além do seu papel na regulação dos níveis de açúcar no sangue, o vanádio parece também ter um impacto no metabolismo dos lípidos. Estudos realizados sugerem que pode modular os níveis de lípidos no sangue, ajudando a reduzir o colesterol total e os triglicéridos. Esta ação poderia ser benéfica para as pessoas que sofrem de dislipidemia, frequentemente associada à diabetes de tipo 2 e a outras perturbações metabólicas.

3. Mecanismos de ação

Os mecanismos de ação do vanádio no corpo humano estão ainda a ser explorados. Propõe-se que o vanádio interaja com várias enzimas e proteínas envolvidas no metabolismo da glicose e dos lípidos. Por exemplo, poderia inibir enzimas-chave como a glicerol-3-fosfato desidrogenase, influenciando assim a síntese de lípidos e a degradação da glicose.

4. Perspectivas terapêuticas

As propriedades do vanádio fazem dele um candidato potencial para o desenvolvimento de tratamentos anti-diabéticos. Embora sejam ainda necessários estudos clínicos para estabelecer a sua eficácia e segurança, estão atualmente a ser avaliados compostos à base de vanádio, como o sulfato de vanadilo. Estes estudos poderão conduzir a novas abordagens para o controlo da diabetes, nomeadamente para os doentes que não respondem bem aos tratamentos convencionais.

5. Precauções e considerações

Apesar dos seus efeitos promissores, a utilização de vanádio como suplemento deve ser abordada com precaução. Doses elevadas podem ser tóxicas e conduzir a efeitos indesejáveis, como perturbações gastrointestinais ou impactos negativos na função renal. Por conseguinte, é essencial realizar uma investigação aprofundada para compreender melhor a janela terapêutica do vanádio e estabelecer diretrizes claras para a sua utilização.

- **Conclusão**
- O vanádio, embora menos frequentemente mencionado do que outros oligoelementos, merece uma atenção acrescida devido ao seu potencial

papel na regulação da glicose sanguínea e do metabolismo lipídico. Com a continuação da investigação, poderá revelar-se um elemento-chave no desenvolvimento de novas estratégias terapêuticas para o tratamento da diabetes e de outras perturbações metabólicas.

Cobalto (Co): Papel essencial na saúde metabólica

O cobalto, embora muitas vezes menos proeminente do que outros oligoelementos, é um metal essencial que desempenha um papel crucial numa série de processos biológicos. A sua contribuição mais notável é a sua função como constituinte-chave da vitamina B12, também conhecida como cobalamina, que é essencial para a saúde humana.

1. Síntese da vitamina B12

O cobalto é um elemento central na estrutura molecular da vitamina B12. Esta vitamina é essencial para a formação dos glóbulos vermelhos e para o bom funcionamento do sistema nervoso. Sem cobalto suficiente, a síntese da vitamina B12 fica comprometida, o que pode levar à anemia megaloblástica, caracterizada pela produção de glóbulos vermelhos anormalmente grandes e pouco funcionais.

2. Formação de glóbulos vermelhos

A vitamina B12 é necessária para a síntese de ADN nas células estaminais hematopoiéticas, o que é crucial para a produção de glóbulos vermelhos.

Uma carência de vitamina B12, frequentemente associada a uma carência de cobalto, pode levar a uma redução da produção de glóbulos vermelhos, provocando fadiga, fraqueza e outros sintomas associados à anemia. O cobalto é, portanto, essencial não só para a produção de vitamina B12, mas também para a saúde geral do sistema circulatório.

3. Metabolismo celular

O cobalto desempenha igualmente um papel em vários processos metabólicos no interior das células. Está envolvido na síntese de determinadas enzimas e coenzimas, influenciando as principais vias metabólicas, nomeadamente as ligadas à produção de energia. Além disso, o cobalto ajuda a regular a homocisteína, um aminoácido cujos níveis elevados estão associados a um risco acrescido de doenças cardiovasculares.

4. Saúde neurológica

O cobalto, através da vitamina B12, é crucial para manter a saúde neurológica. Está envolvido na formação da mielina, a substância que cobre e protege os nervos. Uma carência de vitamina B12 pode provocar neuropatia, problemas de memória e outras disfunções neurológicas. Um aporte adequado de cobalto é, por conseguinte, indispensável para prevenir problemas cognitivos e neurológicos.

5. Função imunitária

O cobalto e a vitamina B12 também desempenham um papel no bom funcionamento do sistema imunitário. Uma carência de vitamina B12 pode alterar a resposta imunitária, tornando o organismo mais vulnerável às infecções. O cobalto contribui assim indiretamente para a defesa do organismo contra várias doenças.

6. Perspectivas e considerações

Embora o cobalto seja essencial, é importante manter um equilíbrio adequado, uma vez que níveis excessivos podem ser tóxicos. As exposições profissionais ou ambientais podem conduzir a efeitos adversos, incluindo perturbações respiratórias e problemas de pele. É, portanto, crucial monitorizar a ingestão de cobalto, particularmente em pessoas com dietas pobres em vitamina B12 ou que sofram de má absorção.

Conclusão

O cobalto é um oligoelemento vital que desempenha um papel fundamental na síntese da vitamina B12, na formação dos glóbulos vermelhos, no metabolismo celular, na saúde neurológica e na função imunitária. A sua presença no organismo é essencial para garantir processos biológicos saudáveis e eficientes, sublinhando a importância de uma ingestão adequada através da dieta ou de suplementos quando necessário.

Estes metais actuam como cofactores, promovendo reacções bioquímicas essenciais à vida e ajudando a regular numerosos processos fisiológicos.

1.3 Interação de complexos metálicos com biomoléculas

Os complexos metálicos interagem dinamicamente com várias biomoléculas, influenciando as suas estruturas e funções. Estas interações podem modificar as propriedades físico-químicas das biomoléculas, afectando processos como a catálise enzimática, a sinalização celular e a estabilidade das estruturas proteicas (López et al., 2013).

Por exemplo, os complexos de cobre podem induzir alterações conformacionais nas proteínas, alterando a sua atividade enzimática. Do mesmo modo, as interações dos iões metálicos com o ADN podem influenciar a regulação genética e a reparação do ADN (Bennett et al., 2009).

Os complexos de manganês, por exemplo, podem atuar como cofactores de enzimas antioxidantes, protegendo as células do stress oxidativo. Além disso, os complexos de vanádio podem interagir com as vias de sinalização da insulina, destacando o seu potencial no tratamento de distúrbios metabólicos.

Estas interações complexas estão no centro da nossa compreensão dos mecanismos bioinorgânicos e da sua relevância para a biologia celular. O estudo aprofundado destas relações entre metais e biomoléculas oferece perspectivas para o desenvolvimento de terapias inovadoras, bem como uma melhor compreensão das doenças ligadas a desequilíbrios metálicos.

Capítulo 2: Coagulação do sangue

2.1. Mecanismos de coagulação

A coagulação do sangue é um processo fundamental e complexo que pára a hemorragia e restaura a integridade dos vasos sanguíneos. Este mecanismo baseia-se numa série de reacções enzimáticas em cascata, frequentemente classificadas em três vias principais: a via extrínseca, a via intrínseca e a via comum.

1. Via extrínseca

A via extrínseca é a primeira resposta à lesão dos tecidos. É activada pela libertação do fator tecidular (FT), uma proteína que se encontra no exterior dos vasos sanguíneos. Quando um vaso é danificado, o FT entra em contacto com o sangue e, na presença de cálcio, ativa o fator VII. Este fator VII ativado (VIIa) catalisa então a conversão do fator X em fator Xa. Esta etapa é crucial, uma vez que o fator Xa constitui um ponto de convergência para as vias de coagulação subsequentes.

2. Via intrínseca

A via intrínseca é desencadeada pelo contacto do sangue com superfícies estranhas, como tecidos danificados ou dispositivos médicos. Envolve vários factores de coagulação, nomeadamente o fator XII, que ativa o fator XI, seguido da ativação do fator IX pelo fator XI. Esta cascata de ativação leva também à geração do fator Xa, reforçando a formação do coágulo.

3. Rua da Comuna

As duas vias de coagulação reúnem-se na via comum. Aqui, o fator Xa, em colaboração com o fator Va, catalisa a conversão da protrombina (fator II) em trombina (fator IIa). A trombina desempenha um papel central na coagulação, uma vez que converte o fibrinogénio, uma proteína solúvel, em fibrina, que forma uma rede insolúvel. Esta rede de fibrina estabiliza o coágulo sanguíneo, impedindo a perda de sangue e promovendo a cicatrização de tecidos danificados.

4. Regulação da coagulação

A regulação da coagulação é crucial para evitar complicações como a trombose, que pode levar a acidentes vasculares graves. Os inibidores naturais, como a antitrombina, a proteína C e a proteína S, modulam a atividade dos factores de coagulação. Por exemplo, a antitrombina inibe os factores de coagulação activados, enquanto a proteína C, activada pela trombina, degrada os factores Va e VIIIa. Esta regulação assegura um equilíbrio delicado entre a coagulação e a fibrinólise, garantindo que o processo de coagulação ocorre de forma controlada e eficiente (Hoffman et al., 2009).

Conclusão

A compreensão dos mecanismos de coagulação, incluindo as vias extrínsecas, intrínsecas e comuns, é essencial para o diagnóstico e tratamento dos distúrbios da coagulação. O conhecimento aprofundado destes processos pode também levar ao desenvolvimento de tratamentos inovadores destinados a prevenir complicações tromboembólicas e a melhorar a gestão de doentes com perturbações hemorrágicas.

2.2. Papel dos iões de cálcio e de outros metais

O cálcio (Ca^{2+}) e outros metais desempenham um papel crucial no processo de coagulação do sangue. A sua presença é essencial para assegurar o bom funcionamento das cascatas enzimáticas que ajudam a prevenir a hemorragia e a restaurar a integridade vascular após uma lesão.

1. Papel do cálcio

Ativação dos factores de coagulação

O cálcio é essencial para a ativação de muitos factores de coagulação. Actua como cofator em várias fases das cascatas enzimáticas que regulam a coagulação. Por exemplo, facilita a interação entre os factores de coagulação e as membranas celulares, o que é crucial para a sua ativação. Sem cálcio, os factores de coagulação, como os factores II, VII, IX e X, não se podem ligar eficazmente às membranas, impedindo o processo de ativação e comprometendo potencialmente a coagulação (Schwartz et al., 2006).

Agregação de plaquetas

O cálcio também desempenha um papel fundamental na agregação plaquetária. Quando ocorre uma lesão vascular, as plaquetas sanguíneas são activadas e começam a unir-se para formar um coágulo. O cálcio é necessário para a libertação de grânulos de plaquetas que contêm substâncias pró-coagulantes, como o ADP e o tromboxano A2. Estas substâncias estimulam a agregação plaquetária, amplificando assim a formação do coágulo e estabilizando a área da lesão.

2. Papel dos outros metais

Zinco

O zinco é outro metal essencial que influencia a coagulação. Participa na ativação de certas enzimas envolvidas no processo de coagulação, como as metaloproteinases. Além disso, o zinco desempenha um papel na função plaquetária e pode modular a resposta inflamatória, o que é importante no contexto das lesões vasculares.

Magnésio

O magnésio tem também efeitos significativos na coagulação. Actua como estabilizador dos complexos proteicos e está envolvido na ativação de vários factores de coagulação. Em particular, é necessário para a conversão da protrombina em trombina, um passo fundamental na cascata da coagulação. Um bom equilíbrio de magnésio é crucial para manter uma coagulação eficaz e evitar complicações como a trombose.

3. Interações e equilíbrio

As interações entre o cálcio, o zinco, o magnésio e outros metais são essenciais para o bom funcionamento das vias de coagulação. Um desequilíbrio nos níveis destes metais pode levar a perturbações da coagulação. Por exemplo, uma deficiência de cálcio pode reduzir a ativação dos factores de coagulação, enquanto um excesso de cálcio pode favorecer os eventos trombóticos.

Conclusão

O cálcio e outros metais, como o zinco e o magnésio, são essenciais para o processo de coagulação. O seu papel na ativação dos factores de coagulação e na agregação plaquetária realça a importância de um equilíbrio mineral adequado na manutenção da homeostase sanguínea. Uma compreensão aprofundada destes mecanismos pode contribuir para o desenvolvimento de novas abordagens terapêuticas para o tratamento de perturbações da coagulação e para a prevenção de doenças vasculares.

2.3 Compreender o AVC e a fibrinólise

O acidente vascular cerebral (AVC) é uma emergência médica grave, caracterizada por uma interrupção súbita do fornecimento de sangue ao cérebro. Esta interrupção pode provocar lesões cerebrais irreversíveis, défices neurológicos permanentes e mesmo a morte. Os acidentes vasculares cerebrais dividem-se em duas categorias principais, cada uma com mecanismos e tratamentos distintos.

1. Tipos de AVC

Acidente vascular cerebral isquémico

O AVC isquémico representa cerca de 85% de todos os AVC. É causado por um coágulo de sangue que bloqueia um vaso cerebral, reduzindo o fornecimento de sangue a uma área específica do cérebro. Este bloqueio pode resultar de uma série de factores, como a aterosclerose, em que se acumulam depósitos de gordura nas artérias, ou a formação de um trombo na sequência de uma fibrilhação auricular. As células cerebrais privadas de oxigénio e nutrientes começam a morrer poucos minutos após o bloqueio, causando danos permanentes.

Acidente vascular cerebral hemorrágico

O AVC hemorrágico, que representa cerca de 15% dos AVC, ocorre quando a rutura de um vaso sanguíneo provoca uma hemorragia no cérebro. Esta situação pode ser causada por uma tensão arterial elevada não controlada, malformações vasculares ou traumatismos. A hemorragia provoca um aumento da pressão no tecido cerebral e pode também levar a uma isquémia secundária.

2. Papel da fibrinólise

A fibrinólise é o processo pelo qual o organismo decompõe a fibrina, uma proteína essencial para a formação de coágulos sanguíneos. Este mecanismo é crucial para restabelecer a circulação sanguínea após a formação de um coágulo, limitando assim os danos cerebrais.

Mecanismo de fibrinólise

Ativação

- **Conversão do plasminogénio**: A fibrinólise começa com a conversão do plasminogénio, uma proteína precursora, em plasmina, a enzima ativa que decompõe a fibrina. Esta conversão é uma etapa fundamental na dissolução dos coágulos.
- **Papel do ativador do plasminogénio tecidular (tPA)**: o tPA catalisa a conversão do plasminogénio em plasmina. Esta enzima é libertada pelas células endoteliais em resposta a lesões vasculares e desempenha um papel central na regulação da fibrinólise.

Controlo

- **Inibidores da fibrinólise**: Para evitar complicações como a hemorragia, a fibrinólise é estritamente regulada. O inibidor da plasmina (PAI-1) é um exemplo importante, pois impede o tPA de converter o plasminogénio em plasmina.
- **Equilíbrio entre pró-fibrinolíticos e inibidores**: É essencial um equilíbrio entre os agentes pró-fibrinolíticos e os seus inibidores. A inibição excessiva pode levar à trombose, enquanto a fibrinólise hiperactiva pode causar hemorragia.

3. Estimulação da fibrinólise

Medicamentos

Os agentes trombolíticos, como o rtPA (ativador do plasminogénio tecidular recombinante), são utilizados para estimular a fibrinólise no AVC isquémico. A administração rápida de rtPA pode restabelecer o fluxo sanguíneo ao converter rapidamente o plasminogénio em plasmina, mas, para ser eficaz, este tratamento deve ser administrado no prazo de 3 a 4,5 horas após o início dos sintomas.

Atividade física

O exercício físico regular melhora a circulação sanguínea e reforça os mecanismos naturais da fibrinólise. A atividade física moderada promove a saúde cardiovascular, aumentando a circulação sanguínea e melhorando a ativação da fibrinólise.

Alimentação eléctrica

Uma dieta rica em ácidos gordos ómega 3 e antioxidantes também contribui para a saúde vascular. Os ácidos gordos ómega 3, presentes em alimentos como o peixe gordo e as nozes, podem reduzir a inflamação e promover uma circulação sanguínea ideal, enquanto os antioxidantes ajudam a proteger as células endoteliais de danos.

Conclusão

A compreensão dos mecanismos da fibrinólise e do seu papel no tratamento do AVC é essencial para o desenvolvimento de estratégias terapêuticas eficazes. O tratamento do AVC requer uma abordagem integrada, incluindo intervenções médicas, modificações do estilo de vida e recomendações nutricionais para otimizar a saúde vascular e reduzir o risco de AVC.

2.4. Equilíbrio entre coagulação e fibrinólise

O equilíbrio entre a coagulação e a fibrinólise é essencial para manter a homeostasia no sistema circulatório. Este processo dinâmico garante que o organismo possa formar rapidamente um coágulo para parar uma hemorragia, ao mesmo tempo que tem a capacidade de desfazer o coágulo depois de o vaso sanguíneo ter sido reparado, evitando um bloqueio excessivo.

A importância do equilíbrio

Uma coagulação excessiva pode levar à trombose, ou seja, à formação de coágulos nos vasos sanguíneos que podem obstruir o fluxo sanguíneo, causando complicações como o acidente vascular cerebral isquémico, o enfarte do miocárdio ou a embolia pulmonar. Por outro lado, uma fibrinólise inadequada pode levar a hemorragias, em que o organismo é incapaz de manter um coágulo durante tempo suficiente para parar a hemorragia.

Consequências de um desequilíbrio

Vários factores podem perturbar este delicado equilíbrio:

- **Idade**: Com a idade, os mecanismos de coagulação podem tornar-se menos eficazes, levando a uma predisposição para a hemorragia. Ao mesmo tempo, as alterações da composição do sangue e da função plaquetária podem aumentar o risco de trombose.
- **Dieta**: Uma dieta desequilibrada pode influenciar a coagulação e a fibrinólise. Por exemplo, uma deficiência de zinco pode alterar a função plaquetária, dificultando a coagulação, enquanto um consumo excessivo de cálcio pode encorajar eventos tromboembólicos. Da mesma forma, uma dieta rica em ácidos gordos ómega 3 pode promover uma fibrinólise saudável, reduzindo a inflamação e afinando o sangue.
- **Patologias**: Certas condições médicas podem afetar o equilíbrio entre a coagulação e a fibrinólise. Doenças como a hiperlipidemia, a diabetes e as perturbações hereditárias da coagulação podem predispor à trombose ou à hemorragia.

Mecanismos de regulação

Vários mecanismos regulam o equilíbrio entre a coagulação e a fibrinólise:

- **Factores de coagulação e inibidores**: Os factores de coagulação e os seus inibidores naturais, como a antitrombina e a proteína C, trabalham em conjunto para manter este equilíbrio. A antitrombina, por exemplo, inibe os factores de coagulação activados, enquanto a proteína C inativa os factores Va e VIIIa, reduzindo assim a formação de trombina.

- **Equilíbrio entre pró-fibrinolíticos e inibidores**: Os agentes fibrinolíticos, como o tPA, são contrabalançados por inibidores como o PAI-1. Um desequilíbrio nesta dinâmica pode favorecer a formação de coágulos ou levar a uma degradação excessiva dos coágulos existentes.

Implicações clínicas

A compreensão dos mecanismos subjacentes a este equilíbrio é crucial para o desenvolvimento de tratamentos inovadores destinados a prevenir e tratar as doenças vasculares, nomeadamente o AVC. Por exemplo:

- **Terapias direcionadas**: Podem ser desenvolvidos medicamentos para modular especificamente a coagulação ou a fibrinólise, permitindo que os tratamentos sejam adaptados ao perfil de risco do doente.
- **Intervenções nutricionais**: Podem ser estabelecidas recomendações dietéticas para promover um equilíbrio saudável entre a coagulação e a fibrinólise, incorporando nutrientes essenciais como o zinco e os ácidos gordos ómega 3.
- **Monitorização dos factores de** risco: Uma monitorização rigorosa dos factores de risco associados aos desequilíbrios pode ajudar a identificar os doentes de alto risco e a intervir preventivamente.

Em suma, a manutenção de um equilíbrio entre a coagulação e a fibrinólise é fundamental para a saúde vascular. Uma compreensão aprofundada deste sistema regulador é essencial para o desenvolvimento de estratégias eficazes de prevenção e tratamento da doença vascular, melhorando assim os resultados clínicos para os doentes.

Capítulo 3: Fibrinólise e seus mecanismos

3.1. Processo de fibrinólise

A fibrinólise é o processo biológico pelo qual os coágulos sanguíneos são desfeitos, permitindo o restabelecimento do fluxo sanguíneo normal. Este mecanismo é essencial após a coagulação para evitar a obstrução prolongada dos vasos sanguíneos. O processo de fibrinólise desenrola-se em várias etapas fundamentais:

1. **Formação de fibrina**: Após a coagulação, o fibrinogénio, uma proteína solúvel do plasma, é convertido em fibrina pela ação da trombina. A fibrina forma uma rede insolúvel que estabiliza o coágulo.
2. **Ativação do plasminogénio**: O plasminogénio, uma enzima inativa, é incorporado no coágulo. É convertido em plasmina, a enzima chave na fibrinólise, principalmente pela ação do ativador do plasminogénio tecidular (tPA) e da uroquinase (uPA) (Baker et al., 2012).
3. **Degradação da fibrina**: A plasmina degrada a fibrina em produtos de degradação da fibrina, como os dímeros D, que são marcadores importantes da atividade fibrinolítica (Mackman et al., 2009).
4. **Reabsorção do coágulo**: Uma vez que a fibrina foi quebrada, o coágulo é reabsorvido, permitindo que o vaso sanguíneo volte ao seu estado normal.

3.2 Enzimas-chave: Plasminogénio e Plasmina

O plasminogénio e a plasmina desempenham papéis centrais no processo de fibrinólise:

- **Plasminogénio**: Sintetizado principalmente pelo fígado, o plasminogénio é um precursor inativo que deve ser ativado para participar na fibrinólise. Liga-se à fibrina, o que facilita a sua ativação (Björk et al., 2008).
- **Plasmina**: É a enzima ativa que decompõe a fibrina em fragmentos solúveis. A sua formação é regulada por inibidores, como o inibidor da plasmina (PAI-1), que impedem a degradação excessiva do coágulo (Nielsen et al., 2010). A regulação da atividade da plasmina é crucial para evitar hemorragias excessivas.

3.3 Influência dos metais na atividade enzimática

Os metais, como cofactores essenciais, influenciam a atividade das enzimas envolvidas na fibrinólise:

- **Cálcio (Ca^{2+})**: O cálcio é crucial para a ativação do plasminogénio. A sua presença promove a ligação do plasminogénio às superfícies celulares e à fibrina, facilitando a sua conversão em plasmina (Hultin et al., 2004).
- **Zinco (Zn^{2+})**: O zinco desempenha um papel estabilizador para muitas enzimas, incluindo algumas envolvidas na fibrinólise. Estudos mostram que concentrações adequadas de zinco podem aumentar a atividade da plasmina, enquanto que o excesso ou a deficiência podem inibir a sua função (Jiang et al., 2011).
- **Cobre (Cu^{2+})**: Embora menos diretamente envolvido, o cobre também influencia a estrutura e função das proteínas fibrinolíticas através dos seus

efeitos na oxidação e modificação pós-traducional das enzimas (Mann et al., 2006).

A compreensão dos efeitos dos metais na fibrinólise abre perspectivas para o desenvolvimento de novas terapias e tratamentos que visem estes mecanismos.

Capítulo 4: Agentes trombolíticos e bioinorgânicos

4.1. Mecanismos de ação dos agentes trombolíticos

Os agentes trombolíticos desempenham um papel essencial na gestão de emergências médicas, particularmente no tratamento do acidente vascular cerebral isquémico e do enfarte do miocárdio. A sua eficácia baseia-se na sua capacidade de dissolver os coágulos sanguíneos, iniciando um processo complexo de decomposição da fibrina, uma proteína fundamental para a formação do coágulo. Os agentes trombolíticos actuam principalmente através da conversão do plasminogénio, uma proteína inactivada, em plasmina, a enzima responsável pela quebra da fibrina. Segue-se uma visão geral das principais classes de agentes trombolíticos e dos seus mecanismos de ação:

1. Activadores do plasminogénio tecidular (tPA)

Os activadores do plasminogénio tecidular, como a alteplase, estão entre os agentes trombolíticos mais utilizados na prática clínica. O seu mecanismo de ação é o seguinte:

- **Plasminogénio ligado à fibrina**: o tPA tem uma afinidade específica para o plasminogénio quando ligado à fibrina, a principal proteína formadora de coágulos. Ao ligar-se a este complexo, o tPA ativa o plasminogénio em plasmina de forma localizada, maximizando a degradação do coágulo e minimizando a ativação sistémica da fibrinólise (Peters et al., 2014).
- **Dissolução do coágulo**: Uma vez convertida em plasmina, a enzima decompõe a fibrina em produtos de degradação solúveis, levando à

dissolução do coágulo. Este processo é particularmente crucial no AVC isquémico, em que o tempo é essencial para reduzir os danos cerebrais.

2. Uroquinase

A uroquinase é outra enzima trombolítica, mas tem caraterísticas distintas:

- **Ativação do plasminogénio**: Ao contrário do tPA, a uroquinase ativa o plasminogénio de forma menos selectiva. Funciona ligando-se ao plasminogénio circulante e convertendo-o em plasmina, mas a sua capacidade de atingir a fibrina é menos marcada, o que pode levar a efeitos secundários associados à ativação sistémica (Greish et al., 2009).
- **Utilização clínica**: Embora menos utilizada do que o tPA, a uroquinase pode ser benéfica em contextos específicos, como no tratamento da embolia pulmonar ou em certos casos de isquémia.

3. Estreptoquinase

A estreptoquinase é outra classe de agentes trombolíticos:

- **Indução da ativação do plasminogénio**: Liga-se ao plasminogénio, formando um complexo que induz a conversão do plasminogénio em plasmina. Este processo é menos específico do que os activadores tecidulares, o que pode levar a uma fibrinólise mais difusa e menos controlada (Kumar et al., 2015).

- **Eficácia em vários contextos**: Embora menos direcionada, a estreptoquinase é eficaz em determinadas situações clínicas, nomeadamente no enfarte do miocárdio, em que a sua capacidade de dissolver rapidamente os coágulos pode salvar vidas.

4. Desafios e considerações clínicas

A utilização de agentes trombolíticos é crucial, mas apresenta desafios:

- **Tempo de administração**: A eficácia dos agentes trombolíticos é altamente dependente do tempo de administração. Estudos mostram que a administração dentro de três a quatro horas após o início dos sintomas pode melhorar significativamente os resultados clínicos. O atraso pode reduzir a sua eficácia e aumentar o risco de complicações (Sullivan et al., 2017).
- **Especificidade e efeitos secundários**: A especificidade dos agentes trombolíticos para o plasminogénio é um fator-chave que influencia a sua segurança. A ativação não específica pode levar a hemorragia, o que sublinha a importância da seleção adequada do tipo de agente a utilizar de acordo com a condição clínica do doente.

5. Perspectivas futuras

A investigação sobre os agentes trombolíticos continua a evoluir, com esforços para :

- **Melhorar a seletividade**: A conceção de novos agentes que possam proporcionar uma ativação do plasminogénio mais direcionada e minimizar os efeitos adversos.
- **Combinações terapêuticas**: Explorar a utilização de agentes trombolíticos em combinação com agentes antiplaquetários ou outros tratamentos para aumentar a eficácia e reduzir o risco de hemorragia.

Conclusão

Os agentes trombolíticos são ferramentas essenciais na gestão de emergências cardiovasculares, e o seu mecanismo de ação baseia-se na conversão precisa do plasminogénio em plasmina. Ao compreender melhor as diferenças entre as várias classes de agentes, a sua especificidade e os desafios clínicos associados, será possível otimizar a sua utilização e melhorar os resultados dos doentes. A investigação continua a desempenhar um papel crucial no desenvolvimento de novas estratégias para maximizar a eficácia dos tratamentos trombolíticos.

4.2 Trombólise e complexos metálicos

A trombólise, o processo de dissolução de coágulos sanguíneos, é uma intervenção terapêutica crucial no tratamento do acidente vascular cerebral isquémico e do enfarte do miocárdio. Os complexos metálicos, frequentemente considerados como simples cofactores, desempenham um papel significativo na modulação da eficácia dos agentes trombolíticos através de vários mecanismos.

Estabilização das enzimas

Os complexos metálicos desempenham um papel crucial na estabilização das enzimas trombolíticas, o que pode aumentar significativamente a sua atividade e eficácia. Apresentamos aqui um desenvolvimento mais aprofundado deste mecanismo, centrado em iões metálicos específicos e nas suas implicações terapêuticas:

1. Iões de zinco (Zn^{2+})

Os iões de zinco são notáveis pela sua capacidade de estabilizar certas enzimas trombolíticas, como a plasmina e o tecido ativador do plasminogénio (tPA).

- **Estabilização da plasmina**: A plasmina é a principal enzima envolvida na decomposição da fibrina, a proteína que forma os coágulos sanguíneos. Estudos realizados mostraram que a adição de iões Zn^{2+} melhora a conformação e a estabilidade da plasmina, permitindo-lhe funcionar mais eficazmente em condições fisiológicas. Esta estabilização ajuda a prolongar a duração da ação da enzima, facilitando uma dissolução mais rápida e eficiente do coágulo (Khan et al., 2016).
- **Estabilização do tPA**: Da mesma forma, o tPA, que ativa o plasminogénio em plasmina, também beneficia da presença de zinco. Ao estabilizar esta

enzima, o zinco permite uma ativação mais rápida e orientada do plasminogénio, aumentando a eficácia do processo de fibrinólise.

2. Implicações para o tratamento

A integração de complexos de zinco em formulações de medicamentos trombolíticos abre perspectivas interessantes para otimizar os tratamentos.

- **Formulações melhoradas**: Ao adicionar complexos de zinco a fármacos trombolíticos, é possível aumentar a sua estabilidade e eficácia. Por exemplo, as formulações que contêm iões de zinco podem prolongar a atividade das enzimas trombolíticas, permitindo-lhes ter uma ação mais duradoura no organismo.
- **Novos desenvolvimentos**: Esta abordagem poderá também inspirar a criação de novas classes de medicamentos que explorem a estabilização enzimática por complexos metálicos. Estes tratamentos poderiam ser particularmente valiosos para os doentes que necessitam de uma intervenção rápida e eficaz em situações de emergência cardiovascular.

3. Investigação futura

A investigação deve continuar a explorar os mecanismos pelos quais os complexos metálicos, particularmente o zinco, influenciam a atividade das enzimas trombolíticas:

- **Estudos mecânicos**: Estudos aprofundados sobre os mecanismos moleculares através dos quais os iões metálicos estabilizam estas enzimas poderiam esclarecer formas de otimizar os tratamentos.
- **Ensaios clínicos**: A utilização de complexos de zinco em ensaios clínicos pode fornecer dados valiosos sobre a sua eficácia no tratamento de acidentes vasculares cerebrais isquémicos e outras condições relacionadas com coágulos sanguíneos.

Conclusão

A estabilização das enzimas trombolíticas por complexos metálicos, nomeadamente iões de zinco, representa uma estratégia promissora para melhorar a eficácia dos tratamentos trombolíticos. A incorporação destes complexos em formulações de fármacos permite otimizar os resultados clínicos e proporcionar tratamentos mais eficazes na gestão de emergências cardiovasculares. A investigação futura deverá centrar-se na compreensão dos mecanismos subjacentes e na aplicação clínica destas abordagens inovadoras.

Influência na estrutura

As interações entre metais e enzimas trombolíticas podem influenciar profundamente a sua estrutura e, consequentemente, a sua eficácia. Esta secção analisa estas interações, centrando-se nos complexos de cobre e nas suas implicações clínicas.

1. Complexos de cobre (Cu^{2+})

Sabe-se que os complexos de cobre interagem com enzimas trombolíticas, em particular a plasmina, o que pode modificar a sua atividade funcional.

- **Inibição da atividade da plasmina**: Um estudo demonstrou que os iões de cobre (Cu^{2+}) podem ligar-se aos locais ativos da plasmina, inibindo a sua capacidade de degradar a fibrina. Esta interação não só altera a conformação da enzima, como também reduz a sua eficiência no processo de fibrinólise (Cohen et al., 2013). Como resultado, a presença de cobre pode comprometer a dissolução do coágulo, tornando os tratamentos trombolíticos menos eficazes.

2. Consequências clínicas

A influência dos metais, em particular dos complexos de cobre, na atividade enzimática dos agentes trombolíticos suscita grandes preocupações na prática clínica.

- **Riscos de inibição não intencional**: A compreensão destas interações é crucial, uma vez que a inibição não intencional das enzimas trombolíticas pode ter consequências graves para os resultados clínicos. Por exemplo, a utilização de medicamentos que contenham metais como o cobre pode prejudicar a eficácia do tratamento, aumentando o risco de insucesso do tratamento em situações de emergência cardiovascular.

- **Avaliação da composição dos medicamentos**: Esta questão realça a importância de uma avaliação cuidadosa das formulações dos medicamentos administrados aos doentes. Os médicos devem estar cientes das potenciais interações entre metais e enzimas trombolíticas, sendo necessários mais estudos para determinar os efeitos sinérgicos ou antagónicos dos complexos metálicos na terapia trombolítica.

3. Perspectivas de investigação

A investigação futura é essencial para aprofundar a nossa compreensão das interações entre os metais e as enzimas trombolíticas:

- **Estudos mecânicos e estruturais**: Os estudos mecânicos poderiam examinar o modo como os complexos de cobre e outros metais modificam a estrutura tridimensional das enzimas, afectando assim a sua atividade. A utilização de técnicas como a espetroscopia NMR ou a cristalografia de raios X poderia fornecer informações valiosas sobre estas interações.
- **Desenvolvimento de medicamentos**: Com base nos resultados destes estudos, pode ser possível conceber fármacos trombolíticos optimizados que minimizem os efeitos inibitórios de metais indesejáveis e maximizem a eficácia das enzimas trombolíticas.

Conclusão

A influência dos metais, em particular dos complexos de cobre, na estrutura e atividade das enzimas trombolíticas tem implicações clínicas significativas. A compreensão destas interações é crucial para garantir a eficácia dos tratamentos trombolíticos, exigindo uma avaliação rigorosa da composição dos fármacos e uma investigação contínua para otimizar as estratégias terapêuticas.

3. Modulação das vias de sinalização

Os complexos metálicos também influenciam as vias de sinalização celular que regulam a fibrinólise. Isto acontece principalmente através das suas interações com receptores específicos nas plaquetas:

- **Interações com receptores plaquetários**: Alguns metais podem ligar-se a receptores nas plaquetas, alterando a sua ativação e agregação. Por exemplo, sabe-se que os iões de cálcio (Ca^{2+}) e magnésio (Mg^{2+}) desempenham um papel crucial na ativação plaquetária. Ao modular estes sinais, os complexos metálicos podem influenciar a iniciação e regulação da fibrinólise (Rosales et al., 2017).
- **Estratégias terapêuticas**: Ao manipular estas vias de sinalização utilizando complexos metálicos, pode ser possível desenvolver terapias específicas que melhorem a resposta trombolítica, promovendo uma dissolução mais rápida e eficaz do coágulo.

4. Perspectivas futuras

A interação entre os agentes trombolíticos e os complexos metálicos abre novas vias para o desenvolvimento de tratamentos inovadores.

- **Investigação de novos complexos metálicos**: A exploração de novos complexos metálicos e dos seus efeitos nas enzimas trombolíticas pode levar à descoberta de compostos com maior eficácia.
- **Otimização das formulações**: A incorporação de complexos metálicos nas formulações de medicamentos trombolíticos permitirá melhorar não só a sua estabilidade, mas também a sua especificidade e eficácia, tornando os tratamentos mais seguros e mais eficazes.

Conclusão

Os complexos metálicos desempenham um papel subestimado mas crucial na modulação da eficácia dos agentes trombolíticos. Através da sua capacidade de estabilizar as enzimas, influenciar a sua estrutura e modular as vias de sinalização, estes metais abrem caminho a novas estratégias terapêuticas. Uma compreensão aprofundada destas interações poderia transformar a forma como os tratamentos trombolíticos são desenvolvidos e administrados, com implicações significativas para a gestão das doenças tromboembólicas.

4.3. Desenvolvimento de novos agentes baseados na química inorgânica

A inovação no campo dos agentes trombolíticos está a crescer, e a química inorgânica está a desempenhar um papel central no desenvolvimento de novas estratégias terapêuticas. Eis algumas abordagens promissoras que poderão transformar o tratamento do tromboembolismo.

1. Nanopartículas metálicas

A utilização de nanopartículas, como as baseadas em ouro ou prata, representa um avanço significativo na administração de agentes trombolíticos.

- **Biodisponibilidade melhorada**: As nanopartículas podem encapsular agentes trombolíticos, protegendo-os da degradação prematura na corrente sanguínea. Isto pode aumentar a sua biodisponibilidade, permitindo uma ação mais prolongada e direcionada (Singh et al., 2018).
- **Redução dos efeitos secundários**: Ao visarem especificamente os locais de ação no organismo, as nanopartículas podem minimizar os efeitos secundários associados à administração sistémica de medicamentos. Isto pode conduzir a tratamentos mais seguros e mais eficazes.

2. Complexos de coordenação

Os complexos de coordenação, particularmente os baseados em metais de transição, são outra via promissora para o desenvolvimento de agentes trombolíticos.

- **Afinidade específica para o plasminogénio**: Estes complexos podem ser concebidos para interagir especificamente com o plasminogénio, aumentando a sua eficiência na conversão do plasminogénio em plasmina. Um estudo mostrou que os complexos de coordenação podem ser optimizados para ativar o plasminogénio de uma forma mais direcionada, melhorando assim a dissolução do coágulo (Zhang et al., 2020).
- **Otimização da libertação**: Ao integrar ligandos moduláveis em complexos de coordenação, é possível controlar a libertação de agentes trombolíticos, o que poderá maximizar a sua eficácia, reduzindo simultaneamente o risco de efeitos adversos.

3. Terapias combinadas

A combinação de agentes trombolíticos com complexos metálicos abre caminho a novas abordagens terapêuticas.

- **Alvo multifacetado**: Ao combinar agentes trombolíticos com complexos metálicos, torna-se possível visar simultaneamente vários aspectos da coagulação e da fibrinólise. Por exemplo, um agente pode atuar para dissolver o coágulo, enquanto um complexo metálico pode modular as vias de sinalização envolvidas na coagulação (Li et al., 2021).
- **Abordagens sinérgicas**: Estas terapias combinadas poderiam oferecer efeitos sinérgicos, melhorando a eficácia global dos tratamentos

trombolíticos. A investigação atual centra-se na identificação das melhores combinações e dos mecanismos subjacentes à sua eficácia.

Conclusão

O desenvolvimento de novos agentes trombolíticos baseados na química inorgânica é um domínio promissor e em rápida evolução. A exploração de nanopartículas metálicas, de complexos de coordenação e de terapias combinadas realça a importância de uma abordagem interdisciplinar para melhorar os tratamentos trombolíticos. Ao integrar os princípios da química inorgânica na medicina, é possível conceber soluções inovadoras para combater o tromboembolismo, oferecendo novas perspectivas aos doentes que sofrem de doenças cardiovasculares.

Capítulo 5: Metais e Doenças Vasculares

5.1. Papel dos oligoelementos (Cu, Zn, Fe) na saúde vascular

Os oligoelementos como o cobre (Cu), o zinco (Zn) e o ferro (Fe) desempenham um papel essencial na saúde vascular, embora só estejam presentes em concentrações muito baixas no organismo. A sua importância reside no facto de participarem em várias funções biológicas que contribuem para a integridade e o funcionamento dos sistemas vasculares.

Cobre (Cu)

O cobre é um oligoelemento vital que influencia um certo número de processos fisiológicos ligados à saúde vascular:

- **Formação de colagénio**: O cobre é essencial para a síntese de colagénio, uma proteína estrutural essencial que confere força e elasticidade aos vasos sanguíneos. Como cofator da lisil oxidase, facilita a formação de ligações cruzadas nas moléculas de colagénio e elastina, cruciais para manter a integridade vascular (Kühn et al., 2017).
- **Risco de fragilidade vascular**: Uma deficiência de cobre pode comprometer a formação adequada de colagénio, levando à fragilidade vascular. Este facto pode aumentar o risco de rutura dos vasos sanguíneos, o que tem implicações graves, nomeadamente no contexto das doenças cardiovasculares.

- **Antioxidante natural**: O cobre desempenha igualmente um papel de antioxidante, participando na dismutação dos radicais livres, ajudando assim a proteger as células vasculares contra o stress oxidativo.

Zinco (Zn)

O zinco é um oligoelemento multifuncional cujos efeitos na saúde vascular são particularmente notáveis:

- **Regulação imunitária**: Como regulador da resposta imunitária, o zinco ajuda a modular as respostas inflamatórias. A inflamação crónica é um importante fator de risco para as doenças cardiovasculares.
- **Contração muscular**: O zinco está envolvido na regulação da contração do músculo liso vascular. Uma disponibilidade adequada de zinco é essencial para manter o tónus vascular e prevenir doenças como a hipertensão (Maret, 2018).
- **Cicatrização de feridas**: Este metal também desempenha um papel crucial na cicatrização de feridas, um processo que depende da saúde vascular. Níveis adequados de zinco estão associados a um risco reduzido de complicações vasculares, ajudando a prevenir doenças cardiovasculares.

Ferro (Fe)

O ferro é um metal essencial cujo papel na saúde vascular é duplo, sendo simultaneamente vital e potencialmente perigoso:

- **Transporte de oxigénio**: O ferro é um componente essencial da hemoglobina, permitindo o transporte de oxigénio no sangue. Este processo é fundamental para a respiração celular e a produção de energia, afectando diretamente a função dos tecidos, incluindo a dos vasos sanguíneos.
- **Stress oxidativo**: No entanto, o excesso de ferro no organismo pode provocar a formação de radicais livres, induzindo stress oxidativo. Este fenómeno está associado a danos celulares e à aterosclerose, um dos principais factores que contribuem para as doenças cardiovasculares (Miller et al., 2015).
- **Equilíbrio** dos níveis de ferro: É crucial manter um equilíbrio entre os níveis de ferro, uma vez que tanto a deficiência como a sobrecarga podem afetar negativamente a saúde vascular. Uma gestão correta do ferro é, portanto, essencial para prevenir as complicações associadas às doenças cardiovasculares.

Conclusão

Os oligoelementos como o cobre, o zinco e o ferro são fundamentais para a saúde vascular. O seu papel numa série de processos biológicos, desde a formação de estruturas vasculares sólidas até à regulação das respostas imunitárias e oxidativas, sublinha a importância de manter um equilíbrio adequado destes metais no organismo. Uma melhor compreensão do seu impacto pode contribuir para estratégias de prevenção e tratamento mais eficazes das doenças vasculares.

5.2 Impacto da deficiência ou excesso de metais

Os desequilíbrios dos metais no organismo, quer por deficiência quer por excesso, podem ter consequências graves para a saúde vascular. Estes desequilíbrios influenciam não só a função endotelial, mas também a regulação dos processos inflamatórios e oxidativos.

Deficiência de oligoelementos

1. Deficiência de zinco: A deficiência de zinco está associada a um aumento da inflamação e da disfunção endotelial. O zinco desempenha um papel crucial na regulação da resposta imunitária e na proteção contra o stress oxidativo.

- **Inflamação e aterosclerose**: Um estudo de Bach et al (2020) mostrou que níveis insuficientes de zinco aumentam os marcadores inflamatórios no sangue, promovendo assim o desenvolvimento da aterosclerose. Isto deve-se à incapacidade do endotélio vascular de se regenerar corretamente, o que resulta numa falha dos mecanismos de reparação dos vasos sanguíneos.

2. Deficiência de cobre : O cobre é essencial para a formação do colagénio e para a saúde vascular. A carência de cobre pode provocar uma diminuição da elasticidade vascular e danos nos tecidos.

- **Impacto na elasticidade**: O cobre está envolvido na síntese da lisil oxidase, uma enzima essencial para a formação de ligações cruzadas no colagénio e na elastina. Uma carência pode, por conseguinte, provocar rigidez vascular, aumentando o risco de hipertensão e de outras complicações cardiovasculares.

3. Deficiência de ferro: Embora o ferro seja necessário para o transporte de oxigénio, uma deficiência pode também afetar a saúde vascular.

- **Disfunção eritrocitária**: A deficiência de ferro pode levar à anemia, que reduz a capacidade de transporte de oxigénio do sangue, afectando a função cardíaca e a perfusão dos tecidos.

Excesso de metais

1. Sobrecarga de ferro: Um excesso de ferro, como na hemocromatose, pode causar danos nos tecidos, incluindo nos vasos sanguíneos.

- **Stress oxidativo e radicais livres**: O excesso de ferro promove a formação de radicais livres, levando ao stress oxidativo que pode danificar as células endoteliais e causar inflamação crónica. Um estudo realizado por Boyer et al (2016) mostrou que os pacientes que sofrem de hemocromatose tinham um risco acrescido de acidente vascular cerebral, ilustrando os efeitos deletérios da sobrecarga de ferro na saúde vascular.

2. Efeitos de outros metais: Outros metais, como o manganês e o cobre, também podem ter efeitos negativos quando presentes em excesso.

- **Toxicidade do cobre**: Um excesso de cobre está associado a perturbações neurológicas e a efeitos tóxicos nos tecidos, incluindo nos vasos sanguíneos. Esta toxicidade pode perturbar as funções vasculares normais.

Desequilíbrio geral

A complexa interação entre estes metais e o seu impacto na saúde vascular realça a importância de um equilíbrio preciso.

- **Interação entre metais**: O excesso de ferro pode inibir a absorção de zinco, exacerbando a deficiência de zinco e afectando a saúde vascular (Zhou et al., 2019). Esta inter-relação realça a necessidade de considerar os níveis de vários metais em simultâneo, em vez de se concentrar num único elemento.

Conclusão

Os desequilíbrios dos metais no organismo, quer se trate de deficiências ou de excessos, podem comprometer seriamente a saúde vascular. Uma melhor compreensão destas interações é essencial se quisermos desenvolver estratégias eficazes de prevenção e tratamento para manter um equilíbrio ótimo dos metais para a saúde cardiovascular.

5.3. Estudos de caso: Acidente vascular cerebral e desequilíbrios metálicos

Os desequilíbrios dos metais desempenham um papel crucial no desenvolvimento do AVC. Seguem-se vários estudos de caso que ilustram como as deficiências ou os excessos de determinados metais podem contribuir para um risco acrescido de AVC.

Deficiência de zinco e AVC

Um estudo de Ravindran et al (2020) revelou uma correlação significativa entre a deficiência de zinco e um aumento de eventos isquémicos cerebrais, particularmente em indivíduos idosos.

- **Observação dos níveis de zinco**: Os investigadores mediram os níveis de zinco no plasma e nos tecidos de pacientes que tinham sofrido um AVC. Os resultados mostraram que os níveis de zinco eram significativamente mais baixos nestes doentes em comparação com os que não tinham sofrido eventos isquémicos.
- **Mecanismos subjacentes** : O zinco está envolvido numa série de processos biológicos, incluindo a proteção contra o stress oxidativo e a inflamação, dois factores-chave no desenvolvimento do AVC. A deficiência de zinco poderia comprometer estes mecanismos de defesa, tornando o cérebro mais vulnerável a lesões isquémicas.

Hemocromatose e AVC

A hemocromatose, uma doença caracterizada por uma sobrecarga de ferro, está também associada a um risco acrescido de AVC. Um estudo realizado por Cohen et al (2019) salientou esta ligação.

- **Riscos acrescidos**: Os doentes com hemocromatose têm o dobro do risco de sofrer um AVC do que a população em geral. Este risco acrescido é atribuído aos efeitos pró-oxidantes do ferro, que podem causar danos nas células endoteliais e promover a formação de coágulos sanguíneos.
- **Consequências da acumulação de ferro**: A sobrecarga de ferro pode levar a inflamação crónica e stress oxidativo, agravando as condições vasculares e aumentando a probabilidade de eventos isquémicos.

Deficiência de cobre e complicações vasculares

Os níveis de cobre no organismo são também essenciais para a saúde cardiovascular. Estudos mostram que os pacientes com deficiência de cobre sofrem frequentemente de complicações vasculares.

- **Ligação à elasticidade vascular**: Harris et al (2018) mostraram que níveis insuficientes de cobre estavam associados a uma elasticidade reduzida dos vasos sanguíneos. Isto pode contribuir para a hipertensão e outros problemas cardiovasculares, aumentando o risco de acidente vascular cerebral.

- **Papel do cobre na saúde vascular**: O cobre é essencial para a formação do colagénio e da elastina, proteínas cruciais para a estrutura e o funcionamento dos vasos sanguíneos. A sua carência pode, por conseguinte, comprometer a integridade vascular e favorecer o desenvolvimento da aterosclerose.

Conclusão

Estes estudos de caso ilustram a importância dos metais na manutenção da saúde cerebral e cardiovascular. Os desequilíbrios, quer se trate de deficiências de zinco ou de cobre ou de sobrecarga de ferro, podem comprometer seriamente os mecanismos fisiológicos, aumentando o risco de AVC. Uma compreensão aprofundada destas interações entre metais pode orientar estratégias inovadoras de prevenção e tratamento para reduzir o risco de AVC.

Capítulo 6: Perspectivas terapêuticas

6.1. Abordagens bioinorgânicas para o tratamento do AVC

A química inorgânica e bioinorgânica oferece perspectivas promissoras para o desenvolvimento de tratamentos para o acidente vascular cerebral. As abordagens actuais centram-se em várias estratégias-chave:

- **Terapias trombolíticas**: A utilização de agentes trombolíticos, como o ativador do plasminogénio tecidular (tPA), baseia-se em princípios bioinorgânicos. Estes agentes exploram mecanismos enzimáticos para dissolver coágulos sanguíneos, restaurando assim a circulação. A investigação continua a explorar análogos do tPA baseados em complexos metálicos para melhorar a eficácia e reduzir os efeitos secundários (Huang et al., 2021).
- **Medicamentos à base de metais**: Alguns medicamentos utilizam metais como cofactores para a sua atividade. Por exemplo, os complexos de cobre e zinco estão a ser investigados pelas suas propriedades neuroprotectoras. Estudos mostram que estes complexos podem reduzir a inflamação e o stress oxidativo nas células neuronais, o que é crucial após um acidente vascular cerebral (Kumar et al., 2020).
- **Nanomedicina**: Os nanomateriais, frequentemente enriquecidos com metais, estão a ser explorados para atingir especificamente as células danificadas do cérebro. Estes sistemas de administração podem aumentar a biodisponibilidade dos tratamentos e minimizar os efeitos sistémicos indesejáveis. Por exemplo, estão a ser utilizadas nanopartículas de ouro e

de ferro para aplicações de administração de medicamentos específicos (Gonzalez et al., 2022).

6.2 Inovações na investigação de metais e medicamentos

A investigação atual centra-se na integração de metais em estratégias terapêuticas para o tratamento do AVC, com várias vias promissoras:

- **Metais como agentes terapêuticos**: A compreensão dos papéis biológicos dos metais na regulação enzimática e no transporte de electrões abre a porta à utilização destes elementos em farmacologia. Estudos demonstraram que a adição de ferro a determinados tratamentos pode melhorar a eficiência do transporte de oxigénio nos tecidos afetados (Smith et al., 2019).
- **Investigação de complexos metálicos**: Os complexos de transição, como o ruténio ou a platina, estão a ser explorados pelo seu potencial antitumoral e pela sua capacidade de visar vias específicas nas células danificadas pelo AVC. Os primeiros ensaios clínicos mostraram resultados prometedores na redução dos danos cerebrais (Chen et al., 2020).
- **Abordagens combinatórias**: A combinação de terapias tradicionais com abordagens bioinorgânicas é uma área de inovação. Por exemplo, a utilização de medicamentos anticoagulantes combinados com agentes baseados em complexos metálicos pode melhorar o resultado clínico após um acidente vascular cerebral (Li et al., 2021).

6.3. Tratamentos futuros e terapias direcionadas

Os avanços na investigação bioinorgânica apontam para desenvolvimentos futuros promissores em terapias específicas para acidentes vasculares cerebrais:

- **Terapias orientadas com nanopartículas**: As nanopartículas metal-funcionalizadas oferecem oportunidades para tratamentos altamente orientados, capazes de administrar medicamentos diretamente no tecido cerebral danificado, reduzindo simultaneamente os efeitos indesejáveis nas células saudáveis (Park et al., 2022).
- **Desenvolvimento de biomarcadores**: A utilização de metais como biomarcadores no diagnóstico e monitorização do AVC pode permitir uma intervenção precoce e personalizada. Por exemplo, a monitorização dos níveis de zinco e cobre no sangue poderia ajudar a prever o risco de eventos vasculares (Nguyen et al., 2020).
- **Investigação sobre metaloenzimas**: Estudos sobre as metaloenzimas envolvidas em processos biológicos críticos, como a fibrinólise e a coagulação, poderão conduzir a terapias inovadoras que visem especificamente estas enzimas para modular a resposta vascular após o AVC (Thompson et al., 2021).

Conclusão

Resumo dos principais pontos debatidos

Este livro explorou em profundidade o papel crucial dos bioinorgânicos nos sistemas biológicos, particularmente no contexto do acidente vascular cerebral e da fibrinólise. Abordámos os conceitos fundamentais da bioinorgânica, destacando a importância dos metais e das metaloenzimas na regulação de processos fisiológicos essenciais. Os capítulos destacaram os mecanismos complexos da coagulação e da fibrinólise, ilustrando como os metais, como o zinco, o ferro e o cobre, interagem com biomoléculas para influenciar estes processos vitais.

Também examinámos os agentes trombolíticos e o impacto dos complexos metálicos na sua eficácia, ao mesmo tempo que discutimos as implicações clínicas do desequilíbrio dos metais na saúde vascular. Por fim, as perspectivas terapêuticas e as inovações na investigação de metais e medicamentos oferecem perspectivas promissoras para o tratamento do AVC.

A importância da interdisciplinaridade entre bioinorgânica, química e medicina

A interdisciplinaridade entre a bioinorgânica, a química e a medicina é essencial para enfrentar os desafios de saúde associados aos metais e às doenças vasculares. Ao integrar os conhecimentos de diferentes disciplinas, os investigadores podem desenvolver abordagens inovadoras para o diagnóstico e tratamento do AVC, tirando partido dos mecanismos bioinorgânicos. Esta abordagem holística também promove uma melhor compreensão das interações complexas nos sistemas biológicos, o que é fundamental para o desenvolvimento de tratamentos mais eficazes e direcionados.

Perspectivas de investigação futuras

As vias para a investigação futura em bioinorgânica são vastas e promissoras, oferecendo um potencial significativo para alargar a nossa compreensão das interações dos metais nos sistemas biológicos. Apresentam-se aqui algumas áreas-chave de investigação, com especial ênfase em técnicas inovadoras e exemplos de interações não resolvidas.

1. Utilização da espetroscopia XAS

A Espectroscopia de Absorção de Raios X (XAS) é uma técnica avançada para explorar as interações entre metais e biomoléculas.

- **Análise do estado de oxidação**: A XAS pode ser utilizada para identificar os diferentes estados de oxidação dos metais nos sistemas biológicos, o que é essencial para compreender a sua funcionalidade. Por exemplo, nas metaloenzimas, as variações no estado de oxidação podem influenciar diretamente a sua atividade catalítica.
- **Coordenação e ambiente eletrónico**: Esta técnica também fornece informações sobre estruturas de coordenação de metais e ambientes electrónicos, que são cruciais para a compreensão dos mecanismos

enzimáticos. Os estudos com XAS podem, por exemplo, revelar como os iões de cobre interagem com os complexos enzimáticos na catálise de reacções redox.

2. Estudos sobre metaloenzimas e suas interações

As metaloenzimas, que dependem da presença de metais para a sua atividade, são alvos interessantes para uma investigação aprofundada.

- **Interações com vários ligandos metálicos**: A exploração das interações entre metaloenzimas e vários ligandos metálicos pode proporcionar conhecimentos valiosos. Por exemplo, a interação entre metaloenzimas e complexos de ferro pode ser mal compreendida em determinados contextos patológicos, como as doenças neurodegenerativas.
- **Exemplo de uma interação não resolvida**: Um exemplo relevante é o caso dos complexos de manganês na superóxido dismutase (SOD). Embora a importância do manganês na atividade da SOD esteja bem estabelecida, os detalhes precisos da interação entre os iões de manganês e os locais activos da enzima, bem como o seu impacto na inibição por outros metais, permanecem parcialmente resolvidos. Estudos utilizando XAS poderiam esclarecer como as variações na coordenação do manganês e no estado de oxidação influenciam a atividade da enzima, particularmente no contexto do stress oxidativo.

3. Desenvolvimento de tratamentos direcionados e personalizados

A investigação no domínio da bioinorgânica poderá contribuir para o desenvolvimento de tratamentos específicos baseados numa compreensão aprofundada das interações entre metais.

- **Tratamentos personalizados**: Ao identificar biomarcadores baseados nas interações entre metais em doenças específicas, seria possível conceber tratamentos mais adaptados a cada paciente. Por exemplo, a análise dos níveis de zinco e da sua interação com as enzimas envolvidas na cicatrização de feridas poderia permitir personalizar as abordagens terapêuticas para os pacientes que sofrem de feridas crónicas.
- **Novos agentes trombolíticos**: Os conhecimentos adquiridos sobre as metaloenzimas poderão também conduzir ao desenvolvimento de novos agentes trombolíticos que visem especificamente as interações metálicas. Por exemplo, os complexos metálicos concebidos para modular a atividade da plasmina poderiam abrir novas vias para o tratamento do AVC isquémico.

Conclusão

Ao integrar técnicas avançadas como a espetroscopia XAS e ao aprofundar a nossa compreensão das metaloenzimas e das suas interações, a investigação bioinorgânica está bem colocada para dar contributos significativos para os cuidados de saúde. Esta investigação poderá não só enriquecer a nossa compreensão dos mecanismos biológicos fundamentais, mas também conduzir a avanços práticos no tratamento de doenças vasculares e outras condições médicas.

Capítulo 7: O papel das prostaglandinas no AVC

1. Introdução às Prostaglandinas

As prostaglandinas são lípidos bioactivos derivados do ácido araquidónico, um ácido gordo essencial. Pertencem à família dos eicosanóides e desempenham um papel fundamental como mediadores em numerosos processos fisiológicos. A sua estrutura química permite-lhes interagir com receptores específicos nas membranas celulares, influenciando uma variedade de funções biológicas, incluindo a regulação da pressão arterial, a contração do músculo liso e a modulação da resposta inflamatória.

No contexto da inflamação, as prostaglandinas exercem tanto efeitos pró-inflamatórios como anti-inflamatórios, dependendo do seu tipo e ambiente. Por exemplo, sabe-se que a prostaglandina E2 (PGE2) promove a inflamação e a dor, sensibilizando as terminações nervosas e aumentando o fluxo sanguíneo para as zonas afectadas. Por outro lado, outras prostaglandinas podem atenuar a resposta inflamatória, favorecendo a reabsorção dos leucócitos e regulando a produção de outros mediadores.

O envolvimento das prostaglandinas no AVC é particularmente significativo. Durante um AVC isquémico, a privação de oxigénio leva à libertação de ácido araquidónico, que estimula a síntese de prostaglandinas. Esta resposta pode contribuir para a inflamação cerebral, agravando os danos neuronais e prejudicando a neuroprotecção. O aumento dos níveis de PGE2, por exemplo, pode induzir edema cerebral, exacerbar o dano e comprometer a recuperação funcional.

Por outro lado, a modulação das vias de produção de prostaglandinas pode oferecer vias terapêuticas. Estudos sugerem que o controlo da inflamação com agentes anti-inflamatórios ou inibidores específicos da síntese de prostaglandinas poderia reduzir as sequelas do AVC, melhorar a recuperação e promover a proteção neuronal. A compreensão do papel das prostaglandinas na fisiopatologia do AVC é, por conseguinte, crucial para o desenvolvimento de estratégias de tratamento inovadoras e eficazes.

2. Ácido tranexâmico

Mecanismo de ação

O ácido tranexâmico é um potente antifibrinolítico que actua principalmente através da inibição da fibrinólise, o processo pelo qual os coágulos sanguíneos são desfeitos. O seu mecanismo de ação baseia-se em vários pontos-chave:

1. **Inibição do plasminogénio**: O ácido tranexâmico liga-se competitivamente aos locais de ligação do plasminogénio, impedindo a sua conversão em plasmina. A plasmina é a enzima responsável pela decomposição da fibrina, uma proteína essencial para a formação e estabilização dos coágulos sanguíneos.
2. **Estabilização do coágulo**: Ao inibir a formação de plasmina, o ácido tranexâmico ajuda a estabilizar os coágulos sanguíneos que se formaram. Isto é particularmente crucial em situações clínicas em que a preservação do coágulo é necessária para evitar hemorragias potencialmente fatais.
3. **Ação na cascata da coagulação**: Para além do seu efeito direto no plasminogénio, o ácido tranexâmico pode também influenciar outros aspectos da cascata da coagulação, favorecendo um ambiente propício à hemostase. Por exemplo, pode aumentar a formação de fibrina e melhorar a adesão das plaquetas.

4. **Efeitos anti-inflamatórios**: Alguns estudos sugerem que o ácido tranexâmico também tem propriedades anti-inflamatórias, o que poderia ajudar a reduzir a inflamação local em torno das lesões cerebrais, minimizando assim os danos neuronais.

Utilização clínica

O ácido tranexâmico foi objeto de numerosos estudos clínicos, nomeadamente no contexto do acidente vascular cerebral hemorrágico. Os ensaios demonstraram a sua eficácia na redução da mortalidade e das complicações hemorrágicas. Eis alguns pontos-chave sobre a sua utilização:

- **Ensaios clínicos**: Estudos como o ensaio CRASH-2 concluíram que a administração precoce de ácido tranexâmico a doentes com traumatismos reduziu a mortalidade devido a hemorragia. Embora este ensaio não se tenha centrado exclusivamente no AVC, forneceu uma forte evidência da eficácia do ácido tranexâmico em situações de hemorragia aguda.
- **Indicações específicas**: O ácido tranexâmico é frequentemente recomendado para doentes com AVC hemorrágico, sobretudo quando a hemorragia é identificada precocemente. A sua utilização pode ajudar a estabilizar o estado do doente e a melhorar os resultados clínicos.
- **Segurança e tolerabilidade**: Embora geralmente bem tolerado, o ácido tranexâmico pode ter efeitos secundários, incluindo perturbações gastrointestinais e o risco de trombose. Por conseguinte, a sua utilização deve ser cuidadosamente avaliada caso a caso.

3. Aspirina

Mecanismo de ação

A aspirina, ou ácido acetilsalicílico, actua principalmente como agente anti-agregante plaquetário ao inibir a enzima ciclo-oxigenase (COX), que é essencial para a síntese de tromboxanos. O tromboxano A2 (TXA2), produzido pelas plaquetas, é um potente agente pró-agregante que promove a agregação plaquetária e a vasoconstrição. Ao bloquear a COX-1, a aspirina reduz a produção de TXA2, levando a uma redução da agregação plaquetária e, consequentemente, a um efeito anticoagulante. Este efeito é particularmente benéfico na prevenção das tromboses, contribuindo para reduzir o risco de acidentes vasculares cerebrais isquémicos.

Prevenção do AVC

As recomendações actuais sublinham a importância da aspirina tanto na prevenção primária como secundária do AVC. Na prevenção primária, a aspirina é frequentemente recomendada a doentes com factores de risco cardiovascular, como a hipertensão ou a diabetes, para reduzir o risco de AVC isquémico. Para a prevenção secundária, os estudos mostram que a aspirina reduz significativamente o risco de AVC recorrente em doentes que já sofreram um AVC isquémico ou um ataque isquémico transitório (AIT). No entanto, as recomendações devem ser individualizadas, uma vez que a utilização de aspirina pode estar associada a riscos de hemorragia, exigindo uma avaliação cuidadosa dos benefícios e riscos.

4 Interações entre estes agentes

Potenciais sinergias

A combinação de ácido tranexâmico, prostaglandinas e aspirina poderia oferecer uma sinergia benéfica no tratamento do AVC hemorrágico. O ácido tranexâmico, ao estabilizar os coágulos, poderia impedir o agravamento da hemorragia, enquanto a aspirina, ao inibir a agregação plaquetária, poderia reduzir o risco de formação de novos coágulos. Ao mesmo tempo, a modulação das prostaglandinas poderia ajudar a equilibrar as respostas inflamatórias e a proteger o tecido cerebral. Em conjunto, estes tratamentos poderiam não só reduzir a mortalidade como também melhorar a recuperação funcional, minimizando os danos secundários causados pela inflamação e pela hipoxia.

Riscos e benefícios

No entanto, a utilização combinada destes agentes requer uma avaliação cuidadosa do risco-benefício. Estudos comparativos demonstraram que, embora o ácido tranexâmico e a aspirina possam reduzir significativamente as hemorragias e os eventos isquémicos, a sua combinação pode aumentar o risco de complicações hemorrágicas. Os ensaios clínicos, tais como os examinados em revisões sistemáticas, revelaram potenciais efeitos secundários, incluindo perturbações gastrointestinais relacionadas com a aspirina e reacções tromboembólicas em caso de desequilíbrios na gestão da hemostase. Uma abordagem personalizada, tendo em conta as caraterísticas clínicas de cada doente, é essencial para otimizar os resultados e minimizar os riscos.

5 Conclusão

Resumo dos pontos principais

As prostaglandinas, o ácido tranexâmico e a aspirina desempenham papéis complementares no tratamento da hemorragia cerebral. As prostaglandinas modulam a resposta inflamatória e podem influenciar a neuroprotecção, enquanto o ácido tranexâmico estabiliza os coágulos através da inibição da fibrinólise, reduzindo assim o risco de agravamento da hemorragia. A aspirina actua como um agente antiplaquetário, limitando a formação de novos coágulos e ajudando a prevenir eventos isquémicos. Em conjunto, estes agentes podem melhorar os resultados clínicos em doentes que tenham sofrido um AVC hemorrágico.

Perspectivas futuras

Para o futuro, é crucial continuar a investigação para compreender melhor as interações complexas entre estes agentes e os seus mecanismos de ação. A exploração de protocolos de tratamento combinados poderia oferecer estratégias mais eficazes para a gestão do AVC hemorrágico. Além disso, a identificação de biomarcadores específicos poderia ajudar a personalizar os tratamentos de acordo com o perfil de cada doente, optimizando assim os resultados clínicos. Finalmente, a avaliação dos efeitos a longo prazo destas terapias poderia enriquecer a nossa compreensão do seu impacto na recuperação funcional e na qualidade de vida dos doentes.

Conclusão

Este livro explora em profundidade o papel dos metais e dos oligoelementos na saúde vascular, destacando a sua importância crucial em vários processos biológicos. Metais como o cobre, o zinco e o ferro, embora presentes em baixas concentrações, são essenciais para o correto funcionamento dos sistemas biológicos. Estão envolvidos em mecanismos vitais que vão desde a formação dos vasos sanguíneos até à regulação da inflamação e do metabolismo celular.

Examinámos como um desequilíbrio nos níveis destes metais, seja por deficiência ou excesso, pode ter consequências graves para a saúde, aumentando o risco de doenças cardiovasculares como a aterosclerose e o AVC. Os estudos de casos ilustraram os efeitos nocivos da ingestão insuficiente ou excessiva de metais, salientando a necessidade de um equilíbrio delicado para manter uma saúde vascular óptima.

A importância das interações entre os complexos metálicos e as enzimas, bem como os mecanismos de ação dos agentes trombolíticos, foram discutidos, salientando as perspectivas futuras para o desenvolvimento de novos tratamentos baseados na química inorgânica. A integração de nanopartículas e complexos de coordenação em formulações terapêuticas representa uma via promissora para melhorar a eficácia dos tratamentos existentes.

Finalmente, os avanços no domínio da bioinorgânica, combinados com uma abordagem interdisciplinar, estão a abrir novas possibilidades para a investigação e o desenvolvimento de soluções inovadoras para a saúde vascular. Ao aprofundar a nossa compreensão dos mecanismos bioquímicos e ao explorar as interações complexas entre metais e biomoléculas, podemos esperar contribuir para avanços significativos na prevenção e no tratamento das doenças vasculares.

Em conclusão, é essencial prestar uma atenção cuidadosa ao equilíbrio dos oligoelementos e às interações dos metais no corpo humano para promover uma melhor saúde e prevenir complicações vasculares, sublinhando a importância da investigação em curso nesta área vital.

Léxico

1. **Bioinorgânica**: Disciplina que estuda o papel dos elementos inorgânicos nos sistemas biológicos.
2. **Cofator**: Molécula, frequentemente um metal, necessária para a atividade enzimática de uma proteína.
3. **Catálise enzimática**: Processo pelo qual as enzimas aumentam a velocidade das reacções bioquímicas.
4. **Complexo metálico**: Conjunto de um metal e uma ou mais moléculas ligantes, que podem interagir com biomoléculas.
5. **Radicais livres**: Átomos ou moléculas com um eletrão não emparelhado, frequentemente reactivos e envolvidos em processos de stress oxidativo.
6. **Coagulação**: Processo biológico que permite a formação de coágulos sanguíneos para parar a hemorragia.
7. **Factores de coagulação**: Proteínas envolvidas no processo de coagulação, frequentemente designadas por números romanos (por exemplo, fator II, fator X).
8. **Trombina**: enzima chave que converte o fibrinogénio em fibrina.
9. **Fibrinogénio**: Uma proteína solúvel no plasma que é convertida em fibrina durante a coagulação.
10. **Agregação plaquetária**: o processo pelo qual as plaquetas se juntam para formar um coágulo.
11. **Fibrinólise**: Processo pelo qual os coágulos sanguíneos são desfeitos.

12. **Plasminogénio**: Proteína inactivada que, uma vez activada, se transforma em plasmina.
13. **Plasmina**: enzima-chave que decompõe a fibrina no coágulo sanguíneo.
14. **D-dímeros**: Produtos de degradação da fibrina, indicativos da atividade fibrinolítica.
15. **Ativador do plasminogénio tecidular (tPA)**: Enzima que converte o plasminogénio em plasmina.
16. **Agentes trombolíticos**: Medicamentos utilizados para dissolver coágulos sanguíneos.
17. **Trombólise**: o processo de dissolução de um trombo (coágulo).
18. **Nanopartículas**: Partículas de dimensão nanométrica utilizadas para direcionar e administrar medicamentos.
19. **Oligoelementos**: Elementos químicos presentes em pequenas quantidades no organismo, mas essenciais para a saúde.
20. **Disfunção endotelial**: Função prejudicada do endotélio, a camada de células que reveste os vasos sanguíneos.
21. **Stress oxidativo**: Desequilíbrio entre a produção de radicais livres e a capacidade do organismo para desintoxicar estes produtos.
22. **Aterosclerose**: Doença caracterizada pela acumulação de lípidos e depósitos nas paredes das artérias, aumentando o risco de doença cardiovascular.
23. **Hemocromatose**: Doença genética em que o corpo está sobrecarregado com ferro, o que pode causar danos nos órgãos.

24. **Terapia trombolítica**: Tratamento destinado a dissolver coágulos sanguíneos nos vasos.
25. **Nanomedicina**: Aplicação da nanotecnologia no domínio da medicina, nomeadamente para a administração de medicamentos específicos.
26. **Neuroprotector**: Substância que ajuda a proteger os neurónios contra danos ou degeneração.
27. **Biomarcadores**: Indicadores biológicos mensuráveis que podem refletir o estado de saúde ou a progressão de uma doença.
28. **Aspirina**: fármaco anti-inflamatório não esteroide (AINE) com propriedades anti-agregantes plaquetárias.
29. **Agente antiplaquetário**: Substância que impede a agregação das plaquetas sanguíneas, reduzindo assim a formação de coágulos.
30. **Tromboxano A2 (TXA2)** : Mediador lipídico produzido pelas plaquetas, que promove a agregação plaquetária e a vasoconstrição.
31. **Ciclo-oxigenase (COX)**: Enzima envolvida na conversão do ácido araquidónico em prostaglandinas e tromboxanos.
32. **Prevenção primária**: Estratégias concebidas para evitar a ocorrência de uma doença em indivíduos em risco.
33. **Prevenção secundária**: Intervenções concebidas para evitar a recorrência de uma doença em doentes já afectados.
34. **Sinergia**: Interação entre vários agentes que produz um efeito maior do que a soma dos efeitos individuais.

35. **AVC hemorrágico**: Tipo de AVC causado pela rutura de um vaso sanguíneo no cérebro.

36. **Hemostase**: Processo pelo qual o corpo pára a hemorragia.

37. **Complicações hemorrágicas**: Efeitos indesejáveis associados ao aumento de hemorragias.

38. **Tromboembólico**: Relacionado com a formação de coágulos que podem deslocar-se através do sistema circulatório.

Referências:

1. Bennett, J. M., et al. (2009). "Iões metálicos em sistemas biológicos". Marcel Dekker.
2. Bertini, I., et al. (2001). "Bioinorganic Chemistry: Inorganic Elements in the Chemistry of Life". Wiley.
3. Björk, I., et al. (2008). "Ativação do Plasminogénio e Fibrinólise: Aspectos Básicos e Clínicos". Thrombosis and Haemostasis, 100(5), 817-826.
4. Baker, S. K., et al. (2012). "Mecanismos de Fibrinólise". Drogas e Terapia Cardiovascular, 26(6), 551-560.
5. Cohen, M., et al. (2013). "A influência dos complexos metálicos na atividade da plasmina". Biochemical Journal, 453(2), 221-230.
6. Culotta, V. C., & Kolodny, N. H. (2016). "O papel do cobre na função da superóxido dismutase". Biochemical Society Transactions, 44 (6), 1783-1790.
7. Gonzalez, A. et al. (2022). "Entrega de drogas mediada por nanopartículas para terapia de derrame". Nanomedicina: Nanotecnologia, Biologia e Medicina, 39, 102486.
8. Greish, K., et al. (2009). "Urokinase and its Role in Fibrinolysis" [Uroquinase e o seu papel na fibrinólise]. Biotecnologia Farmacêutica Atual, 10(3), 294-302.
9. Harrison, J. S., & Arooz, R. (2006). "Ferro e seu papel nos sistemas biológicos". Journal of Biological Chemistry, 281(33), 23671-23676.

10. Harris, W. S., et al. (2018). "Deficiência de cobre e risco cardiovascular". Jornal Americano de Nutrição Clínica, 108 (5), 1239-1246.
11. Hoffman, M., et al. 2009. "Coagulação: um novo olhar sobre um problema antigo". Thrombosis Research, 123(6), 861-865.
12. Hughes, S., et al. (2017). "O impacto dos íons metálicos na coagulação do sangue: uma revisão". Jornal de Química Inorgânica Biológica, 22(5), 831-843.
13. Huang, R., et al. (2021). "Melhorando a trombólise com complexos metálicos: uma nova abordagem". Pesquisa de Trombose, 198, 23-32.
14. Hultin, M. B., et al (2004). "O papel do cálcio na fibrinólise". Blood Coagulation & Fibrinolysis, 15(3), 207-213.
15. Jiang, X., et al. (2011). "Zinco e a Regulação da Ativação do Plasminogénio". Journal of Biological Chemistry, 286(8), 6480-6490.
16. Khan, M. I., et al. (2016). "Complexos metálicos como potenciadores da atividade trombolítica". Journal of Inorganic Biochemistry, 160, 22-29.
17. Kühn, J. P., et al. (2017). "O papel do cobre na saúde vascular". BioMetals, 30(2), 203-213.
18. Kumar, A., et al. (2015). "Mecanismos de ação da estreptoquinase". Journal of Thrombosis and Thrombolysis, 40(3), 284-290.
19. Kumar, A., et al. (2020). "Complexos metálicos como agentes neuroprotetores: implicações para o tratamento do AVC". Jornal Europeu de Química Medicinal, 202, 112537.

20. Li, H., et al. (2021). "Combinando anticoagulantes e agentes à base de metal para o gerenciamento de derrame". Drogas e Terapia Cardiovascular, 35(2), 215-224.

21. Li, X., et al. (2021). "Terapias de combinação em trombólise: o papel dos complexos metálicos". Avanços Terapêuticos em Doenças Cardiovasculares, 15, 175-189.

22. Maret, W. (2009). "Coordenação de Zinco, Dedos de Zinco e Enzimas de Zinco". Biochimica et Biophysica Ata, 1790(3), 630-639.

23. Maret, W. (2018). "Zinco e saúde cardiovascular". Nutrientes, 10(6), 797.

24. Mackman, N., et al. (2009). "Role of Tissue Fator in Hemostasis and Thrombosis" (Papel do fator tecidular na hemostase e na trombose). Journal of Thrombosis and Haemostasis, 7(1), 1-7.

25. Mann, K. G., et al. (2006). "O papel do cobre na hemostase". Blood Reviews, 20(1), 1-8.

26. Miller, J. L., et al. (2015). "Ferro e saúde cardiovascular: uma revisão". Cardiology in Review, 23(1), 29-35.

27. Nielsen, L. B., et al. 2010. "Regulação da fibrinólise: PAI-1 e mais além". Journal of Thrombosis and Haemostasis, 8(6), 1162-1168.

28. Nguyen, T., et al. (2020). "Níveis de zinco e cobre como biomarcadores na avaliação do risco de AVC". Stroke, 51(8), 2234-2240.

29. Park, J., et al. (2022). "Terapias de nanopartículas direcionadas para acidente vascular cerebral isquêmico agudo". Fronteiras em Neurociência, 16, 835579.

30. Peters, J. R., et al. (2014). "Terapia trombolítica: estratégias atuais e direções futuras". European Heart Journal, 35(34), 2368-2377.

31. Ravindran, R., et al. (2020). "Deficiência de zinco e acidente vascular cerebral: uma correlação clínica". Journal of Neurology, 267(1), 115-120.

32. Rosales, C., et al. (2017). "Metais e função plaquetária: implicações para a trombólise". Platelets, 28(2), 126-134.

33. Schwartz, B. S., et al. 2006. "Calcium in Coagulation: Physiological and Pathological Perspectives" (Cálcio na Coagulação: Perspectivas Fisiológicas e Patológicas). Cardiovascular Research, 71(4), 671-679.

34. Singh, P., et al. (2018). "Nanopartículas em medicina: uma revisão sobre trombólise". Nanomedicina: Nanotecnologia, Biologia e Medicina, 14 (3), 843-850.

35. Smith, R. J., et al. (2019). "O papel do ferro na melhoria do transporte de oxigênio pós-acidente vascular cerebral". Nature Reviews Cardiology, 16 (6), 355-366.

36. Thompson, J., et al. (2021). "Metaloenzimas na saúde vascular: implicações para futuros tratamentos de derrame". Farmacologia Vascular, 135, 106825.

37. Zhang, Y., et al. (2020). "Estruturas metal-orgânicas para terapia trombolítica". Chemical Reviews, 120(10), 5091-5130.

38. Zhou, J., et al. (2019). "Interações de metal e suas implicações para doenças cardiovasculares". Jornal de Bioquímica Nutricional, 66, 45-53.

39. Patel, A., et al. (2016). "Aspirina para prevenção primária de eventos cardiovasculares: uma meta-análise". Journal of the American College of Cardiology, 67(12), 1411-1420.
40. Mannucci, P. M., et al. (2016). "Terapia combinada com ácido tranexâmico e aspirina para o tratamento de acidente vascular cerebral hemorrágico: uma revisão". European Journal of Neurology, 23(7), 1164-1171.
41. Zhang, Y., et al. (2017). "Efeito do ácido tranexâmico na mortalidade e transfusão no trauma: uma meta-análise". British Journal of Surgery, 104(3), 201-211.
42. Sacco, R. L., et al. (2008). "Guidelines for the Prevention of Stroke in Patients with Stroke and Transient Ischemic Attack." Stroke, 39(5), 1647-1652.
43. Rothwell, P. M., et al. (2011). "Efeito da Aspirina Diária no Risco de Primeiros Eventos Vasculares em Pacientes com Alto Risco Cardiovascular". Lancet, 377(9761), 81-91.
44. Fitzgerald, G. A. (2004). "Prostaglandinas e Tromboxanos: Perspectivas Básicas e Clínicas". The New England Journal of Medicine, 350(19), 1979-1989.
45. Boehme, A. K., et al. (2017). "Acidente vascular cerebral e envelhecimento: o papel das prostaglandinas". Relatórios atuais de neurologia e neurociência, 17 (6), 42.
46. Kumar, V. (2014). "Papel da inflamação no derrame: percepções de estudos pré-clínicos". Fronteiras em Neurociência Celular, 8, 79.

47. Wang, Y., et al. (2018). "Inflamação e reparo no acidente vascular cerebral: o papel da prostagland.

MIX
Papier aus verantwortungsvollen Quellen
Paper from responsible sources
FSC® C105338

Printed by Books on Demand GmbH, Norderstedt / Germany